Michel Leclerc

Estudos genómicos de estrelas do mar

Michel Leclerc

Estudos genómicos de estrelas do mar

ScienciaScripts

Imprint

Cover image: www.ingimage.com

This book is a translation from the original published under ISBN 978-3-659-84757-8.

Publisher:
Sciencia Scripts
is a trademark of
Dodo Books Indian Ocean Ltd. and OmniScriptum S.R.L publishing group

120 High Road, East Finchley, London, N2 9ED, United Kingdom
Str. Armeneasca 28/1, office 1, Chisinau MD-2012, Republic of Moldova, Europe
Managing Directors: Ieva Konstantinova, Victoria Ursu
info@omniscriptum.com

Printed at: see last page
ISBN: 978-620-8-36832-6

ÍNDICE DE CONTEÚDOS

Capítulo 1

Evidência de genes de interleucina na estrela-do-mar: Asterias rubens (Echinoderma)

Michel Leclerc* e Patricia Otten**

*Imunologia dos Invertebrados Universidade de Orleães 45100

ORLEANS Cedex 2 França.

** Fasteris CH-1228 Plan -les-Ouates Suíça

Pela primeira vez, é descrito um modelo de imunidade inata e adaptativa, em invertebrados: As estrelas do mar Asterias rubens e Asterina gibbosa, em bases genómicas.

Resumo: O órgão axial da estrela-do-mar Asterias rubens é um órgão imunitário primitivo. Os linfócitos T da estrela-do-mar, quando estimulados por várias lectinas, produzem substâncias semelhantes a linfocinas com propriedades mitogénicas, tal como demonstrado em estudos anteriores; estas substâncias estão correlacionadas com os genes das interleucinas.

Um grande número de investigações realizadas nos últimos anos, no nosso laboratório, forneceram provas de que a estrela-do-mar Asterias rubens (equinoderma) possui um sistema imunitário primitivo com respostas celulares e humorais funcionalmente semelhantes às do sistema imunitário dos vertebrados.

As células de lã de nylon não aderentes (ref.1: subpopulação de linfócitos T da estrela do mar) podem libertar mediadores solúveis do tipo linfocina, após estimulação com esferas de P.W.M sepharose 6 MB, com propriedades mitogénicas (ref. 2). Algumas interleucinas foram descobertas em 1997 (ref 3), tais como IL1, IL6. No presente trabalho (C) estrelas-do-mar de "controlo" e (HRP) : As estrelas-do-mar imunizadas (utilizando a peroxidase de rábano como antigénio) foram estudadas para pesquisar genes de interleucinas nos seus genomas.

MATERIAL E MÉTODOS.

As estrelas-do-mar Asterias rubens foram obtidas no Instituto de Biologia (Universidade de Gotemburgo). As imunizações foram efectuadas em 20 animais, num aquário com água do mar a 10°c, utilizando peroxidase de rábano de cavalo (HRP) (Sigma Products) como antigénio a uma concentração de 1mg/ml. Foram utilizados 20 animais não injectados como controlos. Os órgãos axiais foram removidos; o ARN foi extraído, utilizando Trizol (Invitrogen), de acordo com as instruções do fabricante, das estrelas do mar imunizadas (HRP) e dos controlos (C). O ADNc foi normalizado utilizando essencialmente nuclease específica de cadeia dupla, tal como descrito por Zhulidov et al (ref. 4). O ADNc foi fragmentado utilizando DNA Fragmentase (New England Biolabs), de acordo com as instruções do fabricante. Após a ligação dos adaptadores para o sistema de sequenciação GSII da illumina, o cDNA foi sequenciado na plataforma GSII da illumina, sequenciando 1x 100 pb de um dos lados dos fragmentos de aproximadamente 200 pb. As sequências foram montadas utilizando o Velvet (Zerbino et al (ref. 5) 2007).

RESULTADOS

Descrevemos primeiro os "genes das interleucinas" e depois os "genes dos receptores de interleucinas" em comparação com os mamíferos.

a) Controlo - " Nuclear fator interleukin-3-regulated protein ": Os resultados do nosso BlastX (Blast Versão 2.2.20, Parâmetros: -e 0.001 -F F -b 3 -v 3 -I T -a 16 -m 7) foram os seguintes.

Um contig (NODE_3558_length_451_cov_24.356985) pôde ser anotado através de BLASTX ao rato "Nuclear fator interleukin-3-regulated protein" da base de dados SWISSPROT, com um valor e- de 2,87689e-10. Numa região alinhada de 62 aminoácidos, foram encontrados 42 aminoácidos positivos e 28 idênticos.

b) HRP- " Proteína regulada pelo fator nuclear interleucina-3":

Um contig (NODE_48893_length_689_cov_15.156749) pôde ser anotado através de BLASTX para o rato "Nuclear fator interleukin-3-regulated protein" da base de dados SWISSPROT, com um valor e- de 1,49652e-09. Numa região alinhada de 57 aminoácidos, foram encontrados 40 aminoácidos positivos e 26 idênticos.

Estudamos agora a interleucina 1 e mais especialmente os receptores de interleucina 1:

a) Controlo - " X-linked interleukin-1 recetor accessory protein-like 2 ": Um contig (NODE_21299_length_1163_cov_23.764402) pôde ser anotado através de BLASTX ao rato "X-linked interleukin-1 recetor accessory protein-like 2" da base de dados SWISSPROT, com um valor e- de 2,64154e-07. Numa região alinhada de 278 aminoácidos, foram encontrados 110 aminoácidos positivos e 60 idênticos.

b) HRP - " X-linked interleukin-1 recetor accessory protein-like 2 ": Um contig (NODE_23687_length_300_cov_7.280000) pôde ser anotado através de BLASTX ao ratinho "X-linked interleukin-1 recetor accessory protein-like 2" da base de dados SWISSPROT, com um valor e- de 7,2295e-05. Numa região alinhada de 77 aminoácidos, foram encontrados 38 aminoácidos positivos e 27 idênticos.

E agora a quinase 4 associada ao recetor de interleucina-1:

a) Controlo-" Quinase 4 associada ao recetor de interleucina-1":

Um contig (NODE_45921_length_271_cov_7.907749) pôde ser anotado através de BLASTX para o rato "Interleukin-1 recetor-associated kinase 4" da base de dados SWISSPROT, com um valor eletrónico de 0,000100449. Numa região alinhada de 96 aminoácidos, foram encontrados 37 aminoácidos positivos e 22 idênticos.

b) HRP - " Interleukin-1 recetor-associated kinase 4 ": Nenhum contig correspondente.

Especialmente na estrela-do-mar (HRP), encontrámos também três novos transcritos sobre IL12, IL6 e IL18 com sequências que produzem alinhamentos significativos em comparação com o ratinho (Blasts contra o ratinho no sistema Swissprot):

query=Locus97 transcrição 2 3 confiança 0,667 comprimento 5159

1) -Recetor de interleucina-12 (valor eletrónico: 4e-08),bits=58.2 sp/P97378.1
2) -Recetor de interleucina-6 (valor eletrónico: 3e-05), bits=48,5 sp/00560,2
3) -Recetor de interleucina-18 (valor eletrónico: 3e-16),bits=83.6 sp/Q9Z2B1.1

Terminamos com o recetor B da interleucina-17 em comparação com os mamíferos:

a) Controlo- " Recetor B da interleucina-17 ": Um contig (NODE_31878_length_179_cov_15.167598) pôde ser anotado através de BLASTX para o "Interleukin-17 recetor B" do rato da base de dados SWISSPROT, com um valor eletrónico de 0,000617054. Numa região alinhada de 42 aminoácidos, foram encontrados 24 aminoácidos positivos e 14 idênticos.

b) HRP - "Recetor B da interleucina-17":

Um contig (NODE_46091_length_308_cov_16.399351) pôde ser anotado através de BLASTX ao rato "Interleukin-17 recetor B" da base de dados SWISSPROT, com um valor eletrónico de 0,000279731. Numa região alinhada de 49 aminoácidos, foram encontrados 28 aminoácidos positivos e 16 idênticos. Como demonstrado, existe também um recetor de Interleucina-17

A:

a) Controlo- " Recetor A da interleucina-17": Nenhum contig correspondente.

b) HRP- " Recetor A da interleucina-17 ": Um contig NODE_13602_length_446_cov_23.168161) pôde ser anotado através de BLASTX ao "Interleukin-17 recetor A" do rato da base de dados SWISSPROT, com um valor eletrónico de 0,000671577. Numa região alinhada de 81 aminoácidos, foram encontrados 38 aminoácidos positivos e 24 idênticos.

DEBATE E CONCLUSÃO

A imunização leva a modificações no caso de "Interleukin-1 recetor-associated kinase 4" e no caso de "Interleukin-17 recetor A", "Interleukin-18 recetor", "Interleukin-12 recetor" onde estes últimos aparecem apenas, em animais imunizados.Além disso, os genes das interleucinas (a maior parte dos quais correspondem a genes de receptores de interleucinas) como IRPL2, IRAK 4, IL-17RB, IL-17RA, estão presentes na estrela-do-mar Asterias rubens.

Estas observações indicariam que certas interleucinas e particularmente "receptores" que lembram os dos mamíferos estão presentes no sistema imunitário da estrela-do-mar.

Notamos especialmente que, nos mamíferos, o recetor B da interleucina 17 está implicado na resposta imunitária ao mediar a ativação do NF-Kappa B, presente também no genoma da A.rubens; que o recetor A da interleucina 17 pertence a uma nova família de citocinas inflamatórias; quanto ao IRAK 4, é necessário para várias respostas induzidas por sinais do Il-1R e dos receptores toll-like (De notar que foram encontrados vários receptores toll-like no genoma da estrela-do-mar)

Quanto ao recetor IL6, este desempenha um papel importante na resposta imunitária dos ratos. Evidências embriológicas, anatómicas e bioquímicas parecem indicar que o "filo das estrelas do mar" é um antepassado dos vertebrados. Uma vez que o sistema imunitário típico não está presente nos invertebrados, pode sugerir-se que foi desenvolvido neste ponto da evolução. Recordamos que a principal aquisição dos equinodermos parece ser a diferenciação celular em duas subpopulações de células, ancestrais dos linfócitos T e B, e a sua interação com os fagócitos, resultando na síntese de anticorpos primitivos humorais específicos (ref. 6) em correlação com o Complemento a ser expresso (ref. 7) na diferença de outro equinoderma: o ouriço-do-mar (ref. 8,9).

REFERÊNCIAS

ELeclerc, M.,Brillouet,C.,Luquet,G,. Bull.Instit.Pasteur.84, 311-330 (1986)

2. Leclerc,M.,Brillouet,C.,Luquet,G., Scand.J.Immunol.14, 281-284 (1981)

3. Legac, E.,Vaugier G.L.,Bousquet, F., Scand.J. Immunol. 44, 375-380 (1997)

4. Zhulidov,P.A,.Bogdanova,E.A,.Shcheglov,A.S,.Nucleic.Acid. Res.3, 32-37 (2004)

5. Zerbino,D.R e Birney,E,.Genome Research.18,821-829 (2007)

6. Leclerc,.M. Am.J.Immunol.8(4),196-199 (2012)

7. Leclerc,M,.et al,.Immunol. Lett. 151, 68-70 (2013)

8. Hibino,T,.Loza-Coll,M,. Messier,C,. Dev.Biol 300(1)349-365 (2006)

9. Rast,J.P,. et al,. Science.314, 952-956 (2006)

Capítulo 2

Genes de complemento nos Asterídeos - Comparações com os Equinídeos (Echinoderma)

Michel Leclerc.

Immunologie des Invertebres Universite d'Orleans 45100
ORLEANS Cedex 2 França.

Resumo: O órgão axial da estrela do mar Asterias rubens (Asterid) é um órgão imunitário primitivo. As células do tipo B, quando estimuladas por vários antigénios, produzem substâncias de anticorpos que se correlacionam com os genes Ig kappa, por outro lado, foram encontrados genes de componentes do complemento. Para cada componente, foram analisados um ou vários contigs. Diz-se que Asterias forbesi, outra estrela do mar, em resultados anteriores, mostrou uma atividade semelhante à do complemento. Foi efectuada uma breve comparação com o sistema de complemento do ouriço-do-mar (Echinid), especialmente sobre o componente C3.

Um grande número de investigações realizadas nos últimos anos, no nosso laboratório, forneceram provas de que a estrela-do-mar Asterias rubens (equinoderma) possui um sistema imunitário primitivo com respostas celulares e humorais funcionalmente semelhantes às do sistema imunitário dos vertebrados.

Quando células isoladas de órgãos axiais foram estimuladas "in vitro" por portadores de haptenos, foi segregado um fator solúvel no meio de cultura, que lisou especificamente eritrócitos de carneiro sensibilizados com o antigénio correspondente (ref 1). Esta reação lítica exigiu a presença de um fator termolábil (complemento) presente no soro dos mamíferos e no líquido celómico da estrela-do-mar. Além disso, foi possível demonstrar que este fator anticorpo (ref. 2), "desconhecido" no sistema do ouriço-do-mar (ref. 3), era produzido pelas células do tipo B, mas apenas quando estavam presentes células do tipo T e células fagocíticas durante a estimulação antigénica (ref. 4).

Observámos agora que o fator anticorpo estava correlacionado com os genes IgKappa (ref. 5).

Em estudos anteriores (ref. 6) em Asterias forbesi, outra estrela do mar, foi demonstrada uma atividade semelhante à do complemento.

MATERIAL E MÉTODOS.

As estrelas-do-mar Asterias rubens foram obtidas no Instituto de Biologia (Universidade de Gotemburgo). As imunizações foram efectuadas em 20 animais, num aquário com água do mar a 10°c, utilizando peroxidase de rábano de cavalo (HRP) (Sigma Products) como antigénio a uma concentração de 1mg/ml. Foram utilizados 20 animais não injectados como controlos. Os órgãos axiais foram removidos; o ARN foi extraído, utilizando Trizol (Invitrogen) de acordo com as instruções do fabricante, das estrelas do mar imunizadas (HRP) e dos controlos (C). O ARNc foi normalizado utilizando essencialmente nuclease específica de cadeia dupla, tal como descrito por Zhulidov et al (ref. 8). O ARNc foi fragmentado utilizando DNA Fragmentase (New England Biolabs), de acordo com as instruções do fabricante. Após a ligação dos adaptadores para o sistema de sequenciação GSII da illumina, o cDNA foi sequenciado na plataforma GSII da illumina, sequenciando 1x 100 pb de um dos lados dos fragmentos de aproximadamente 200 pb.

As sequências foram montadas utilizando o Velvet (Zerbino et al(ref 7) 2007). Os nós montados foram utilizados para posterior montagem, incluindo dados EST de Beta vulgaris do NCBI no MIRA.

RESULTADOS

Em primeiro lugar, os componentes da via clássica, em comparação com os mamíferos, são apresentados com:

a) Controlo - Subunidade A do subcomponente C1q do complemento: Um contig (NODE_55223_length_184_cov_8.456522) pôde ser anotado através de BLASTX ao rato "Complement C1q subcomponent subunit A" da base de dados SWISSPROT, teve um valor e- de 8,55742e-06. Numa região alinhada de 72 aminoácidos, foram encontrados 29 aminoácidos positivos e 25 idênticos.

b) HRP - subunidade A do subcomponente C1q do complemento: Nenhum contig coincidiu, não foi encontrado nenhum resultado.

Em seguida, a) Controlo - subunidade B do subcomponente C1q do complemento: Um contig (NODE_48557_length_161_cov_19.316771) pôde ser anotado através de BLASTX ao rato "Complement C1q subcomponent subunit B" da base de dados SWISSPROT, com um valor de e-value de 8.55742e-06. Numa região alinhada de 57 aminoácidos, foram encontrados 33 aminoácidos positivos e 19 idênticos.

b)HRP - subunidade B do subcomponente C1q do complemento: Um contig (NODE_68235_length_178_cov_7.724719) pôde ser anotado através de BLASTX ao rato "Complement C1q subcomponent subunit B" da base de dados SWISSPROT, com um valor e- de 3,97232e-10. Numa região alinhada de 44 aminoácidos, foram encontrados 39 aminoácidos positivos e 28 idênticos.

Depois

a)Controlo - subunidade C do subcomponente C1q do complemento: Um contig (NODE_37343_length_278_cov_12.356115) . Numa região alinhada de 39 aminoácidos, foram encontrados 25 aminoácidos positivos e 19 idênticos. b) HRP - subunidade C do subcomponente C1q do complemento: Três contigs puderam ser anotados via BLASTX ao rato "Complement C1q subcomponent subunit C" da base de dados SWISSPROT. O melhor contig (NODE_29181_length_277_cov_7.790614) teve um valor de e-value de 3,67148e-09. Numa região alinhada de 45 aminoácidos, foram encontrados 27 aminoácidos positivos e 22 idênticos.

Observamos agora o componente C2: Cinco contigs puderam ser anotados via BLASTX ao "Complemento C2" do rato da base de dados SWISSPROT. O melhor contig (NODE_23089_length_519_cov_15.136802) teve um valor de e-value de 7,65302e-07. Numa região alinhada de 153 aminoácidos, foram encontrados 59 aminoácidos positivos e 38 idênticos. E agora o que acontece com o componente C4?

a) Controlo - Complemento C4-B: Um contig (NODE_95392_length_215_cov_ 10.818604) pôde ser anotado via BLASTX para o "Complemento C4-B" do rato da base de dados SWISSPROT, com um valor e- de 3,48532e-06. Numa região alinhada de 76 aminoácidos, foram encontrados 40 aminoácidos positivos e 21 idênticos.

b) HRP - Complemento C4-B: Um contig (NODE_58696_length_164_cov_11.884147) pôde ser anotado através de BLASTX ao rato "Complemento C4-B" da base de dados SWISSPROT, com um valor e- de 7,51259e-05. Numa região alinhada de 44 aminoácidos, foram encontrados 26 aminoácidos positivos e 21 idênticos.

De seguida, analisamos o componente C3 que é central, nos mamíferos, tanto para a via clássica como para a via alternativa. No final deste capítulo, tentamos fazer uma comparação com o SpC3 do ouriço-do-mar.

Sete contigs puderam ser anotados via BLASTX para o "Complemento C3" de rato da base de dados SWISSPROT. O melhor contig (NODE_25262_length_1200_cov_ 21.958334) teve um valor de e-value de 3.2395e-49. Numa região alinhada de 355 aminoácidos, foram encontrados 128 aminoácidos positivos e 173 idênticos.

b) HRP - Complemento C3: Onze contigs puderam ser anotados via BLASTX para o "Complemento C3" de rato da base de dados SWISSPROT. O melhor contig (NODE_15219_length_398_cov_19.402010) teve um valor e- de 4,96748e-24. Numa região alinhada de 146 aminoácidos, foram encontrados 79 aminoácidos positivos e 59 aminoácidos idênticos. É de notar que C3 pertence também à via ALTERNATIVA.

c) Comparações com o ouriço-do-mar (Strongylocentrotus purpuratus):Fig.1

NODE_25262_length_1200_cov_21.958334

<gi|47551023|ref|NP_999686.1| componente do complemento C3 precursor [Strongylocentrotus purpuratus] e-value: **1e-70** indetique aa: 260 positive aa: 410

>NODE_25262_length_1200_cov_21.958334

TCACTGTCTGGCTCTGGGATGTGGTAGCTTGACTCAAACTTCAGC TG GCCAACTCCTGTC

CCTGAAGAGTCAAAATGAACACGGAATTCCGGCTCATTTCCTGG AATC ACAAGTTTAGAG

TGCTGTCTGACGATTGCGTTGAACGGTTGCAGAACGAACTCATC TTCA AATTGACTCTCA

ATACAACTGACCTGGCAATTGATATCAATGTTGCTCGTCTCGGAC TTG ATAGCATACTCC

GACAACGCCTGCAGAGCTATAACTGTATCCTGAGAAGACACAAA TCCA CCTTCATAATTC

TCTTGTTCCGTGAGCCAATTAACAATGGCATGACTGTAGGGCAG GTCG TCCAGCTGAAGT

AAAGCCAGCAGTGCATAGCTTGTCATCTCTCTACATCAATGGCTT TCGGC CGGTTGATGTAC

CAATATGGTTTCGGACCCGCGCCAAAGGACGAGTCGTCTGCTCC CCA
GTGACGATAATTG

GTTGCTCTATCGTACGTAGCGATGTCTTTGAGCATCGTGAGAGCTTCA

TCAGCTTTGTTG

CTATTGGCCAGCGAGGGCGTATGCGGTGATGGCAATGGCGTAAGG

TCTCGTCAATTGT

TGCAGTTGACCCTCTAAGAAAGCCGTAGCTGAAGCAACAGAGTCAGT

CTTACTTACTGTT

TCACATTCACACTCCAGAAGAGCTATCAGCACGTATGCAGTAAGCGAG

GCGTCACCTTGC

ACACCACCAATCATTTCTTGGTGATGCACTTTGTACAATTCCCCGAAC

GCACCGTTGTCA

TTCTGTGTCTCCTCTATCAGCCATCTCATAGCATTACAGGTGATGCTTC

CATCAATGTAG

GCAAATTCTTTGGCCTGGCAGAACACCTTGCTGACAAAGGCCGTCAA

CCAGGTACTGCTT

GGATACTGTAAATTATCTCCCCATACTGAAAATGAACCGTCCGAACGA

CGATGCGTCAAT

TCTTGAGTTATACCGCCTCCGATGTACTGCTGAGCGGACACCTCCAGC

TCAGCCGTGAAC

TGATTAGTGTGCTTCAGATACCGGTAGACGTAGACGTTGGGTGCTAGG

GTGATCATCGTT

TGTTCACCACACCCTCGAGGGATCTGCAAAATGTCGCCCAACCCACT

GATGACCGTGTCG

ATGACGTTACCCAAAATATTTCCCATGATGCTGATATGGGTTTGA TGGG

TACCAGGGATA

GCGTCACTATGCAAGGAGTATCGT

FIG.1: Sequência de ADN do componente C3 (comparações com o equinídeo S.purpuratus) Apresentamos agora os resultados obtidos relativamente aos componentes do complexo de ataque à membrana em comparação com os mamíferos. Assim com o componente C9:

a) Controlo - Componente C9 do complemento. Três contigs puderam ser anotados via BLASTX para o rato "Complement component C9" da base de dados SWISSPROT. O melhor contig (NODE_46472_length_143_cov_10.104895) teve um valor de e-value de 1,41746e-05. Numa região alinhada de 31 aminoácidos, foram encontrados 17 aminoácidos positivos e 15 idênticos.

b) HRP - Componente C9 do complemento: Nenhum contig coincidiu, não foi encontrado nenhum resultado. Quanto ao componente C5: a)Controlo - Complemento C5: Um contig (NODE_75605_length_236_cov_32.677967) pôde ser anotado através de BLASTX ao "Complemento C5" do rato da base de dados SWISSPROT, com um valor e- de 0,000634854. Numa região alinhada de 55 aminoácidos, foram encontrados 27 aminoácidos positivos e 19 idênticos.

b)HRP - Complemento C5: Dois contigs puderam ser anotados via BLASTX ao "Complemento C5" do rato da base de dados SWISSPROT. O melhor contig (NODE_7717_ length_665_cov_13.831579) teve um valor e- de 6,42528e-17. Numa região alinhada de 212 aminoácidos, foram encontrados 99 aminoácidos positivos e 57 idênticos. Por fim, observamos o componente C8 e encontramos:

a) Controlo - Cadeia alfa do componente C8 do complemento:

Doze contigs puderam ser anotados através de BLASTX ao rato "Complement component C8 alpha chain" da base de dados SWISSPROT. O melhor contig (NODE_68667_length_311_cov_10.845659) teve um valor de e-value de

6,7995e-15. Numa região alinhada de 95 aminoácidos, foram encontrados 33 aminoácidos positivos e 42 idênticos.

b) HRP- Cadeia alfa do componente C8 do complemento:

Seis contigs puderam ser anotados através de BLASTX ao rato "Complement component C8 alpha chain" da base de dados SWISSPROT. O melhor contig (NODE_43169_length_2163_cov_11.209893) teve um valor de e-value de 6,36046e-14. Numa região alinhada de 45 aminoácidos, foram encontrados 42 aminoácidos positivos e 33 idênticos.

DEBATE E CONCLUSÃO

Os principais componentes do Complemento, em comparação com os dos mamíferos, foram encontrados na estrela-do-mar: Como é que os genes são expressos? Por que vias? Atualmente não temos respostas para estas questões. Pode ser uma hipótese de trabalho que precisa de ser explorada. No entanto, estas observações indicam que certas estruturas de mamíferos estão presentes no sistema imunitário da estrela-do-mar: e esta descoberta apoia fortemente a ideia de que um sistema imunitário eficaz já está presente na Echinoderma. Uma vez que o sistema imunitário típico não está presente nos invertebrados, pode sugerir-se que foi desenvolvido neste ponto da evolução. A principal aquisição dos Asterídeos parece ser a diferenciação celular em duas subpopulações de células, ancestrais dos linfócitos T e B, e a sua interação com os fagócitos, resultando na síntese do fator específico de anticorpos humorais (ref. 2) em relação com o Complemento a ser expresso. Genes de vias alternativas e diretas correlacionados com genes "mamíferos" foram descobertos neste trabalho, à diferença de outro equinoderma: o ouriço-do-mar: Strongylocentrotus purpuratus(ref 9) que apresenta apenas dois componentes do complemento, como um homólogo de C3, chamado SpC3, tendo semelhanças com o componente C3 da estrela do mar (ver fig.1) e o fator Bf possuindo semelhança significativa com a família Bf/C2 dos vertebrados.

Por fim, é de esperar que a reação imunitária específica da estrela-do-mar necessite da expressão de todos os genes (7 componentes) de C1 a C9.

Este trabalho revela um verdadeiro progresso na compreensão do sistema imunitário em Echinoderma.

REFERÊNCIAS

1. Brillouet, C. et al Cell. Immunol. 84, 138-144 (1984)
2. Delmotte, F et al Eur.J.Immunol.16,1325-1330(1986)
3. Hibino, T et al Dev. Biol, 300(1), 349-365 (2006)
4. Leclerc, M et al Bull.Instit.Pasteur.84, 311-330 (1986)

5. Leclerc, M., et al. Immun. Lett.138, 197-198 (2011)
6. Leonard,L.A., et al.Dev.Comp.Immunol.14,19-30(1990)
7. Zerbino, D.R et al Genome Research, 18, 821-829 (2007)

8. Zhulidov, P.A., et al Nucleic. Acid. Res. 3,32-37(2004) 9.Smith, L.C.,et al. Immunol. Rev. 180, 16-34 (2001)

Capítulo 3

Respostas humorais a antigénios em Asterídeos.

Por Michel Leclerc

Imunologia dos Invertebrados, U.E.R Sciences, Universidade de Orleães (França)

Resumo: As imunizações com vários antigénios das estrelas do mar Asterina gibbosa e Asterias rubens produzem reacções imunitárias humorais específicas que iniciam o fator anticorpo. Este fator anticorpo está correlacionado com os genes kappa e pode ser composto por 4 cadeias kappa. *É a primeira vez que este fenómeno foi descrito num invertebrado.* Descrevemos reacções *in vivo* e *in vitro*. A purificação do fator anticorpo concluiu o presente trabalho.

Introdução:

Nos invertebrados, dizemos agora que a imunidade é caracterizada por mecanismos fisiológicos mediados por vários tipos de células, especialmente linfócitos, e várias proteínas solúveis que lembram fortemente, no sistema das estrelas do mar, a imunidade dos vertebrados. Neste trabalho, tentámos mostrar, num invertebrado, que reacções imunitárias específicas, em comparação com o sistema dos mamíferos, ocorreram no sistema dos asterídeos.

Materiais e métodos

Materiais:

As estrelas do mar:

As estrelas-do-mar pertencem à classe Asteroidea do filo Echinodermata. São animais marinhos, também designados por estrelas-do-mar.

A espécie *Asterina gibbosa* é frequentemente encontrada na Mancha (França). É hermafrodita.

A espécie *Asterias rubens* também designada *(A.vulgaris)* encontra-se frequentemente na costa atlântica de França e no canal da Mancha. Pode atingir um tamanho de 30 cm ou mais de diâmetro. É um predador de moluscos (vieiras, etc.).

As estrelas-do-mar foram obtidas no "Institut de Biologie Marine de l'Universite de Lille" (Wimereux, França). Após a recolha, as estrelas-do-mar foram mantidas em água do mar e imediatamente enviadas para o laboratório, ou foram mantidas em aquários com água do mar corrente a 10°C.

Métodos:

As injecções de vários antigénios foram realizadas na cavidade celómica com uma agulha fina e uma seringa, perto do órgão axial: é um desafio original. Injectamos 0,1 ml de antigénio solúvel (horseradish peroxidase, os haptenos: TNP-PAA,

FITC-PAA, acoplados a pérolas de poliacrilamida PAA)) por animal, por injeção junto da placa madrepórica. Em certos casos, após as "imunizações", os linfócitos da estrela do mar (linfócitos B e T da estrela do mar) + fagócitos da estrela do mar foram cultivados *in vitro* e reestimulados com o mesmo antigénio.

Resultados:

Experiências *in vivo*.

Num primeiro estudo realizado em 1973 (ref. 1), foi demonstrado que as células dos órgãos axiais da estrela do mar *Asterina gibbosa*, previamente injectadas com peroxidase de rábano, eram capazes de reagir especificamente com a mesma enzima. Esta observação foi feita por microscopia eletrónica utilizando uma técnica imunocitoquímica. Estas observações sugerem que, após estimulação com antigénios estranhos, algumas células do órgão axial são capazes de sintetizar substâncias **que reagem especificamente com o antigénio injetado**, de uma forma comparável à resposta imunitária dos **vertebrados.**

Assim, foi injectada uma variedade de antigénios na cavidade celómica, perto da placa madrepórica, tais como peroxidase de rábano, fosfatase alcalina *de E.coli*, albumina de soro bovino, IgG de rato, proteína lambda Bence-Jones humana, mioglobina e, mais recentemente, os haptenos TNP e FITC acoplados a esferas de poliacrilamida.

Numa primeira série de experiências, os animais receberam três ou quatro injecções com uma semana de intervalo e os órgãos axiais foram colhidos uma semana após a última injeção. Foram efectuadas observações citoquímicas por microscopia eletrónica com os antigénios enzimáticos e com os antigénios proteicos marcados com peroxidase.

Noutras experiências, os órgãos axiais dos animais tratados foram agrupados e divididos em grupos, tendo sido preparadas suspensões de células que foram examinadas utilizando antigénios fluorescentes. Os resultados destas experiências podem ser resumidos da seguinte forma:

a) Ao exame por microscopia eletrónica, observou-se atividade enzimática nas cisternas ergastoplasmáticas (e) nos espaços perinucleares de algumas células. Foi observada a exocitose de "balas".

b) As reacções foram específicas, ou seja, apenas se observaram nas células dos animais tratados com a enzima ou proteína correspondente; as células dos animais não tratados não apresentaram qualquer reação.

Experiências in vitro.

Nos últimos anos, foi desenvolvida uma técnica que permitiu um estudo mais detalhado da natureza das células e da produção de factores solúveis após a imunização das estrelas do mar. Os animais foram inoculados in vivo e mantidos em aquários; 7 dias mais tarde, os seus órgãos axiais foram dissecados, lavados e raspados, e as células obtidas foram cultivadas in vitro e reestimuladas com o mesmo antigénio.

Com esta técnica, foi possível demonstrar que as células dos animais imunizados segregavam um fator solúvel com propriedades semelhantes às dos anticorpos dos vertebrados. Este fator podia ser detectado e quantificado pela sua capacidade de lisar glóbulos vermelhos marcados com o mesmo hapteno utilizado para tratar os animais.

Os antigénios utilizados foram TNP e FITC acoplados a esferas de PAA (Bio-Gel P30, 100-200 mesh) (ref.2). O acoplamento foi efectuado segundo o método de Kagedal e Akerstrom (ref. 3), utilizando ácido sulfónico TNP (Sigma, EUA) e

FITC (Biomerieux, França). Cada animal recebeu 4.000 pérolas haptenadas num volume de 0,1 ml em tampão estéril de alta molaridade que contém, nomeadamente: (35g NaCl; água Ilitre) pH 7,0. Após uma semana, os órgãos axiais foram retirados, agrupados, lavados com tampão estéril de alta molaridade e separadas. As células foram finalmente filtradas através de um pano de nylon estéril de malha fina, com um diâmetro de poro de 20pm. As células foram cultivadas de acordo com Mishell e Dutton (ref.4) em meio MEM de Eagle (Gibco, Inglaterra) contendo 36 g/litro de NaCl e mercaptoetanol. Foram utilizadas placas de plástico Costar (Costar, EUA), cada frasco contendo 5.000.000 de células em 0,5 ml de meio. As placas foram agitadas suavemente e gaseificadas com 5% de CO2. No início da cultura, as células foram reestimuladas adicionando a cada frasco 2.000 pérolas de PAA haptenadas com o mesmo hapteno utilizado para inocular os animais.
As culturas foram diariamente suplementadas com 100pl de meio de suplementação de Mishell e Dutton contendo dextrose. Após 5 dias, as células foram colhidas, lavadas por centrifugação com meio de Hanks e ressuspendidas no volume desejado.

A resposta foi avaliada por titulação hemolítica (ref. 2). Os eritrócitos de carneiro foram haptenizados com TNP-sulfónico ou com FITC, de acordo com Rittenberg e Pratt (ref.5) e Moller et al. (ref.6)
As culturas de controlo foram incubadas com glóbulos vermelhos normais e com células de órgãos axiais de estrelas do mar não tratadas.
Em algumas experiências, as células foram fraccionadas de acordo com a sua aderência à lã de nylon, tal como descrito anteriormente (ref.7). O fracionamento foi feito imediatamente após a dissecção dos órgãos axiais e as populações aderentes e não aderentes foram cultivadas separadamente.

Verifica-se que a lise é específica e que é necessária a presença de soro de coelho fresco.

Nunca foi observada qualquer lise se o soro de coelho tivesse sido previamente aquecido durante 1 h a 56°C.

Quando foram utilizadas subpopulações de células, não se registou qualquer lise.

Mas se as subpopulações de células forem misturadas antes do ensaio, obtém-se a lise. A proporção de células misturadas nestas experiências foi de 80% de células não aderentes (linfócitos T + fagócitos) e 20% de células aderentes (linfócitos B + fagócitos), que é a proporção média encontrada no órgão axial não tratado.

Atividade hemolítica específica.

Foi também encontrada uma atividade hemolítica específica nos sobrenadantes das culturas celulares, o que indica que foi libertado um fator anticorpo solúvel durante a cultura realizada em triplicado.

Foi detectada alguma atividade após 1 dia de cultura e esta aumentou até 5 dias, o tempo máximo testado. A adição de quantidades crescentes do ligando monovalente (trinitrofenol) inibiu gradualmente a lise.

Tipos de células envolvidas.

Foram realizadas várias experiências com células rompidas por sonicação (ref.8)

Perturbação das células.

As células foram sonicadas no final da cultura a 30KHz durante 3 min. A suspensão obtida foi utilizada diretamente ou foi fraccionada por centrifugação a *400* g durante 15 minutos: o sobrenadante continha as membranas celulares (S.4000). Em alguns casos, procedeu-se a uma nova centrifugação a 85.*000g* durante 35 min e o pellet que continha as membranas celulares foi recolhido em tampão estéril, sonicado a 30KHz durante 45 s e testado.(ref.8)

Verificou-se que o fator hemolítico só era produzido quando os linfócitos B da estrela do mar estavam intactos. Pelo contrário, os linfócitos T da estrela do mar eram eficazes, quer estivessem intactos ou danificados.
O tratamento com sílica, que é conhecida por destruir os fagócitos (ref.9), inibiu completamente a produção do fator anticorpo. Verificou-se também que a adição de mercaptoetanol (sempre em solução estéril, tal como para a sílica) às culturas era indispensável. O mercaptoetanol podia ser SUBSTITUÍDO pela cultura das células do órgão axial COM CÉLULAS DE APÊNDICES LATERAIS situadas na parte aboral do órgão axial (Leclerc : comunicação pessoal.

Em resumo, ocorreu uma espécie de cooperação entre os linfócitos T e B da estrela-do-mar e os fagócitos da estrela-do-mar. O mecanismo desta cooperação ainda não é totalmente compreendido.

Purificação do fator anticorpo (ref. 10)

A matéria-prima consistiu em sobrenadantes colhidos de culturas de células de órgãos axiais estimuladas por TNP-PAA. Os sobrenadantes foram primeiramente precipitados a 50% de saturação de sulfato de amónio: o precipitado não mostrou qualquer atividade hemolítica.
Uma segunda precipitação a 75% de sulfato de amónio produziu um precipitado com atividade lítica.
Este precipitado de sulfato de amónio a 50-75% foi dissolvido num tampão de elevada molaridade e fraccionado numa coluna de "Ultrogel AcA 44". A fração ativa foi ainda purificada por cromatografia de afinidade utilizando agarose acoplada ao ácido paranitrobenzóico como ligando de afinidade.

A eluição do material retido foi efectuada com tiocianato de potássio 2M.

O produto final apresentou um único pico na imunoeletroforese cruzada contra um antissoro de coelho injetado com a mesma fração.

A eletroforese em gel de poliacrilamida na presença de dodecil sulfato de sódio revelou uma única banda correspondente a um peso molecular de 30 000. Este resultado, comparado com o valor de 132.000 obtido por filtração em gel, sugere que a molécula pode ser composta por 4 unidades.

Em 2000, leclerc mostrou que esta molécula tinha uma atividade semelhante à do kappa humano (ref.11); em 2011, foi correlacionada com os genes kappa (ref.12) Assim, o fator anticorpo comparado com o valor de 132.000 poderia ser composto por 4 cadeias kappa (ref.12 -13)

Conclusão:.

Já foi demonstrado que os linfócitos T da estrela do mar eram capazes de libertar mediadores de linfocinas solúveis com propriedades mitogénicas.

Para além destas propriedades, as células dos órgãos axiais possuíam células imunocompetentes e eram capazes de se ligar ao antigénio específico após estimulação *in vivo* dos animais. Esta imunocompetência das células dos órgãos axiais foi mais claramente demonstrada pela produção de uma substância solúvel que parece ser semelhante, em muitos aspectos, aos anticorpos humorais dos vertebrados, após *estimulação in vivo* e *in vitro* dos animais, com uma expressão semelhante à do Kappa humano (ref.H)

O fator de anticorpos da estrela do mar foi correlacionado com genes kappa e pode ser composto por 4 cadeias Kappa. (ref.12-13).

Trata-se de uma grande novidade no mundo dos invertebrados e podemos falar, pela primeira vez, de anticorpos invertebrados.

REFERÊNCIAS.

1. Leclerc, M.,Ann. Immunol (Inst. Pasteur) (1973), 124C, 363-374
2. Brillouet, C., Leclerc, M., Binaghi, R.A., Cell.Immunol (1984),84,138-144
3. Kagedal, L., Akerstrom,S., Ata chem.scand (1971),25, 1855-1859
4. Mishell, R.I., Dutton, R.W.,J.exp.Med (1967),126, 423-442
5. Rittenberg, M.B., Pratt, K.L., Proc.Soc.exp.Biol (1969),132,575-581
6 .Moller,G.,Gronowicz,E.,Persson, U. ,J.exp.Med(1976),143,1429-1438
7. Julius, M.H., Simpson, E., Herzenberg, L.A., Eur.J.Immunol (1973), 3,645-649
8. Leclerc,M.,Brillouet,C.,Luquet, G., Immunology (1986),57,479-482
9. Allison,A.C., Harington,J.S.,Birbeck,M.,J.exp.Med (1966),124, 141
10. Delmotte,F., Brillouet,C., Leclerc,M., Eur.J.Immunol (1986),16,1325-1330
11. Leclerc,M., Eur.J.Morph (2000),38, 205-206
12 .Leclerc,M. ,Dupont, S. ,Hernroth,B., Immunol.Lett (2011),138,197-198
13. Leclerc,M.,Am.J;Immunol (2012),8,78-83

Capítulo 4

Um "gene candidato Ig Kappa" na estrela-do-mar: Asterias rubens (Echinoderma)

Michel Leclerc° e Patricia Otten°°

° Investigador independente, 556 Rue Isabelle Romee

45640 Sandillon (França)

°°Fasteris, CH-1228, Plan-les-Ouates, Suíça.

mleclerc45@gmail.com

Resumo: O órgão axial da estrela-do-mar Asterias rubens é um órgão imunitário primitivo. As células B da estrela-do-mar, quando estimuladas por vários antigénios, produzem substâncias de anticorpos correlacionadas com o gene Ig Kappa e genes do complemento. Foi apresentado um gene candidato de Ig kappa (precursor S107B da região V-IV da cadeia IgK) mais convincente em termos de genoma.

Palavras-chave: Precursor de Igkappa; órgão axial de estrela-do-mar

Introdução:

Um grande número de investigações realizadas nos últimos anos, no nosso laboratório, permitiram provar que a estrela-do-mar Asterias rubens (equinoderma) possui um sistema imunitário primitivo com respostas celulares e humorais funcionalmente semelhantes às do sistema imunitário dos vertebrados. Recentemente foram descobertos genes kappa na estrela-do-mar A.rubens (ref.1), assim como genes do complemento (ref.2). Os genomas obtidos até hoje são mais credíveis do que os realizados há 2 anos: tentámos procurar um gene kappa candidato que apresentasse mais homologias com um gene kappa de mamífero. Tínhamos descoberto principalmente em 2011 (ref. 2) 3 genes Igkappa candidatos com 250 nucleótidos cada.

Apresentamos agora um "gene Igkappa candidato" em estrelas-do-mar imunizadas com 450 nucleótidos.

Pareceu-nos mais sensato procurar esta abordagem nas estrelas-do-mar imunizadas do que nas estrelas-do-mar não imunizadas.

MATERIAL E MÉTODOS:

As estrelas do mar Asterias rubens foram obtidas no Instituto de Biologia (Universidade de Gotemburgo)°. Após a imunização, os órgãos axiais foram removidos; o ARN foi extraído, utilizando Trizol (Invitrogen) de acordo com as instruções do fabricante. O cDNA foi normalizado utilizando essencialmente nuclease específica de cadeia dupla, tal como descrito por Zhulidov et al (ref. 8). O cDNA foi fragmentado utilizando DNA Fragmentase (New England Biolabs), de acordo com as instruções do fabricante. Após a ligação dos adaptadores para o sistema de sequenciação GSII da illumina, o cDNA foi sequenciado na plataforma GSII da illumina, sequenciando 1x 100 pb de um dos lados dos fragmentos de aproximadamente 200 pb. As sequências foram montadas com Velvet (Zerbino et al (ref. 7) 2007).

RESULTADOS

Em 1986, o fator anticorpo foi isolado e purificado (ref 1). Em 2000, demonstrou-se que apresentava homologias com o fator kappa-like humano (ref 2).

Em 2011 (ref.3), foi analisado o genoma da estrela-do-mar (Asterias rubens), foram descritos três genes Igkappa e em 2013 foi descoberto um "gene candidato". É aconselhável ver agora o seguinte resultado, que constitui a figura1 :

Um transcrito (Locus_48242_Transcript_1_1_1_Confidence_1.000_Length_415) pôde ser anotado através de BLASTX para "Ig kappa chain V-IV region S107B precursor" (P01680.1) do rato da base de dados SWISSPROT, com um valor eletrónico de 0,00009. Numa região alinhada de 108 aminoácidos, foram encontrados 53 aminoácidos positivos e 26 idênticos.

>Locus_48242_Transcript_1_1_Confidence_1.000_Length_415

CAGTCATTAAAAGGACATGATAATTTCGGACCGGGTCTTTAATATTA

CAATG ACTGCTGCTATGCGTGGC

AACATGGCGTCTCTATGGATGTTCTTCTTTGTCGTGGGATAACTTT ACAAC GGAGTTTGGCGATTTACA

CGTTTCGCGAGCAACCGTCGGACACTAGCGCTTGGCAGGGGAGCAC AGTG GTGCTTCACTGCTCCGTTGA

GCAGTACATAAACACCACGGCCATCGTTTGGTGGGCCGTGACTCGG TCAT CAGCCACAACAAAGACCTG

AAACTGTCCAGTCTAAACACCGACCAGCTCCAAAGGTACTCGATTTC AGG CGACGCATCTCGGGGGGAAT

TCAACCTTAGAATAGTGAACTTTACCGCCACAGACGCCGCCAGTTAC CGCT GTCAGATGTTTGCG

Fig. 1. Transcrito montado correspondente ao precursor S107B da cadeia V-IV da Ig kappa

Verificámos que o gene descrito estava presente em estrelas do mar não imunizadas.

DEBATE E CONCLUSÃO

Estas observações confirmam que certas estruturas de mamíferos estão presentes no sistema imunitário da estrela-do-mar: IgK cadeia V-IV região S107B modula a" expressão de ligação ao antigénio".

É aconselhável notar nesta sequência de ADN 2 sítios de imunoglobulina. Este gene desempenharia o papel de anticorpo primitivo. A principal aquisição dos equinodermes parece ser a diferenciação celular em duas subpopulações de células, ancestrais dos linfócitos T e B, e a sua interação com os fagócitos, resultando na síntese de anticorpos primitivos humorais específicos (ref 1, 4,

5). Embora todos os esforços para encontrar uma forma primitiva de imunoglobulina no genoma do ouriço-do-mar (ref. 6) tenham sido infrutíferos, é a primeira vez que apresentamos argumentos que indicam que o gene da imunoglobulina Kappa de vertebrados está presente num invertebrado e em deuterostómios.

Pretendemos isolar este gene que poderá ser benéfico no domínio da imunoterapia. Pelo menos, é o que esperamos.

REFERÊNCIAS

1. Delmotte,F.,Brillouet,C.,Leelerc, M., Eur.J.Immunol. 16,1325-1330 (1986)
2. Leclerc,M.,Eur.J.Morph. 38, 206-207 (2000)
3. Leclerc,M., Dupont,S.,Hernroth,B.,et al Immunol.Letters.138,197-198 (2011)
4. Leclerc, M., Am.J.Immunol,8, 78-83 (2012)
5 .Leclerc,M. ,Kresdorn,N.,Rotter,B., Immunol .Letters. 151,68-70(2013)
6. Rast,J.P., Smith,L.C.,Loza-Coll,M.,Science.314, 952-956(2006)
7. Zerbino,D.R e Birney,E. Genome Research.18,821-829 (2007)
8. Zhulidov P.A., Bogdanova, E.A, Shcheglov, A.S. Nucleic.Acid.Res.3, 32-37 (2004)

Capítulo 5

UM NOVO GENE EM A.RUBENS: UM GENE IGKAPPA DA ESTRELA DO MAR

Por Nadine Vincent° Magne Osteras°, Patricia Otten° e Michel Leclerc °°

° Fasteris CH-1228, Plan-les-Ouates, Suíça.

°° Investigador independente, 556 rue Isabelle Romee, Sandillon, França: mleclerc45@gmail.com

Fundação correspondente : Fasteris ht-sq @ fasteris.com

Resumo: A estrela do mar Asterias rubens reage especificamente ao antigénio: HRP (Horseradish Peroxydase) e produz um "anticorpo" anti-HRP.
Identificámos anteriormente um gene candidato Ig kappa correspondente a este manuscrito. Mostramos agora o gene referido como : "A especificidade do gene IgKappa da estrela do mar.

Palavras-chave : anticorpo primitivo ; gene Igkappa de estrela do mar

INTRODUÇÃO.

Uma primeira experiência fundamental, descrita em 1973, a resposta imunitária a vários antigénios de um asterídeo: Asterina gibbosa. Indicou (Ref. 1), mais exatamente, a resposta imunocitoquímica específica à HRP (Horse-radish Peroxydase) da estrela do mar.

A ideia geral que emergiu das experiências efectuadas nos nossos laboratórios foi

a de que os Echinodermata (Ref. 2, 3, 4), como exemplificado pelas estrelas do mar: Asterina gibbosa e Asterias rubens, possuíam um sistema imunitário capaz de montar respostas celulares e humorais específicas após estimulação com um antigénio estranho. Em 2011, foi demonstrado que os anticorpos das estrelas do mar estão correlacionados com os genes IgKappa (Ref.5) e em 2013 foi encontrado um gene IgKappa candidato "verdadeiro" (Ref.6). Em seguida, foi demonstrado um gene "verdadeiro" a partir deste candidato.
Aqui relatamos a sequência e a composição de aminoácidos deduzida do gene Ig Kappa da estrela do mar.

MATERIAIS E MÉTODOS

O ARN foi extraído com Trizol (Invitrogen) de acordo com as instruções do fabricante.
Utilizámos o protocolo experimental relativo ao kit SMART PCR cDNA Synthesis (Clontech) na sequência de cDNA do gene candidato (Ref.6) de A.rubens, como se segue. Este SMART foi especificamente concebido para a recuperação do gene alvo.

5'CAGTCATTAAAAGGACATGATAATTTCGGACCGGGTCTTTAATATT ACAAT GACTGCTGCTATGCGTGGC

AACATGGCGTCTCTATGGATGTTCTTCTTTGTCGTGGGGATAACTTTA CAAC GGAGTTTGGCGATTTACA

CGTTTCGCGAGCAACCGTCGGACACTAGCGCTTGGCAGGGGAGCACA GTG

GTGCTTCACTGCTCCGTTGA

GCAGTACATAAACACCACGGCCATCGTTTGGTGGGCCGTGACTCGGT

CAT CAGCCACAACAAAGACCTG

AAACTGTCCAGTCTAAACACCGACCAGCTCCAAAGGTACTCGATTTC AGG CGACGCATCTCGGGGGAAT

TCAACCTTAGAATAGTGAACTTTACCGCCACAGACGCCGCCAGTTAC CGCT GTCAGATGTTTGCG3'

Purificámos a fração polyA, de acordo com um kit específico e gerámos o ADN c com um oligodT.

Foi efectuada uma amplificação não específica, seguida de uma amplificação específica com um oligo 956 forward (5'-3') 5'- CAGATTCAGAAACACATGTATTTCC -3' e, em seguida, um oligo 957 reverse (5'-3') 5'- TTTAGCATGGCATGTAAAGACACC -3' , sempre solicitado para esta experiência.(Clontech)

Os produtos da PCR mostraram, no gel de agarose, muitas bandas para o controlo negativo e uma banda (400 pb) para a PCR específica.

Este último foi purificado e sequenciado na plataforma de sequenciação GSII da Illumina.

As experiências foram efectuadas em duplicado.

RESULTADOS.

Os resultados mostram que o gene revelado, após a sequenciação, apresenta apenas um pequeno gene descrito no artigo anterior (Ref. 6).(base de dados Swissprot)

Basta decifrar este gene para o perceber: aqui está a sequência , como se segue na figura 1:

SMART_956.ab1:

5'tGACTGCTGCTATGCGTGGGCAACATGGCGTCTCTATGGATGTTCTT
CTTTG
TCgTGGGGATAACTTTACAACGGGAGTTTGGCGATTTACACGTTTCGC
GAGC
AACCGTCGGACACTAGCGCGTTGCAGGGGAGCACAGTGGTGCTTCAC
TGC
TCCGTTGAGCAGTACATAAACACCACGGCCATCGTTTGGTGGAGCCG
TGA
CTCGGTCATCAGCCACAACAAAGACCTGAAACTGTCCAGTCTAAACA
CCG
ACCAGCTCCAAAGGTACTCGATTTCAGGCGACGCATCTCGGGGGGAA
TTC
AACCTTAAAATAGTGAACTTTACCGNCACAGACGCCGCCAGTTACCG
CTGT CAGATGTTTGCGA3'

Fig.1 Sequência de ADN do gene IgKappa da estrela do mar. A sequência SMART 956 ab 1. 366 bp é mostrada

Em seguida, a sequência de aminoácidos deduzida codificada pelo ADN é uma proteína de 118 A.A. apresentada na figura 2.

MRGNMASLWM FFFVVGITLQ RSLAIYTFRE QPSDTSALQG
STVVLHCSVE
QYINTTAIVW

WSRDSVISHN KDLKLSSLNT DQLQRYSISG DASRGEFNLK
IVNFTXTDAA SYRCQMFA

Fig.2. Gene Igkappa da estrela do mar, incluindo a sequência de aminoácidos (118 AA).

DEBATE E CONCLUSÃO

Com base na revisão de Sander (Ref.7, 1991), propomos que este gene esteja relacionado com as Imunoglobulinas pois contém 2 cisteínas típicas dos domínios das Ig, sem podermos afirmar, de momento, se se trata de uma cadeia pesada ou leve de Imunoglobulinas. Uma única indicação (Ref.3) favorece a cadeia leve devido ao peso molecular observado (30000 daltons : ref 3).
Caso contrário, "este anticorpo de estrela do mar" corresponde ao antigénio HRP. Outro antigénio, como o hapteno (Ref.2), pode produzir outro tipo de "anticorpo" Atualmente, não sabemos, de momento, se existem vários tipos de anticorpos na estrela-do-mar A.rubens. O que temos a certeza, por outro lado: é que existe um gene (o IgKappa da estrela do mar), cuja função é a da defesa da estrela do mar contra os ataques de imunopatogenia: a HRP, no caso presente. Em termos de aminoácidos, o nosso gene pode apresentar 118 aminoácidos como se segue (fig.2). Este valor é ligeiramente inferior ao da verdadeira região V-IV S107B da IgKappa, que se encontra em mamíferos e que foi reportada como tendo 129 aminoácidos.

Em conclusão, este gene de anticorpo da estrela do mar remete para o gene precursor da região V-IV S107B da IgKappa do rato, mas difere dele pelo número de aminoácidos (118 em vez de 129 aa).
Os nossos dados contribuem para o conhecimento das bases moleculares e genéticas do reconhecimento de não-self por invertebrados, o que permitirá uma maior compreensão da evolução dos antigénios do MHC e das imunoglobulinas.

REFERÊNCIAS

1. Leclerc M, Ann. Immunol (1973), 124C, 363-374.

2. Leclerc M, Brillouet C, Immunol. Lett. (1981), 2, 279-281.

3. Delmotte F, Brillouet C, et al , Eur. J. Immunol (1986), 16, 1325-1330.

4. Leclerc M, Amer. J.Immunol. (2012), 8(4), 196-199.

5. Leclerc M,Dupont S, et al, Immunol.Lett. (2011), 138, 197-198.

6. Leclerc M, Otten P, et al, Amer.J. Immunol (2013), 9, 75-77

7. Sander C, Schneider R, Proteins (1991), 9, 56-68

ASTERIAS rubens : O GENE IGKAPPA DA ESTRELA MARINHA

Por Michel Leclerc

556 rue Isabelle Romee, 45640 SANDILLON, França

mleclerc45@gmail.com

Resumo: A preservação do gene IgKappa durante um período tão longo de evolução em organismos tão distintos como estrelas-do-mar, peixes e mamíferos, indica que este desempenha um papel essencial na sobrevivência dos organismos: papel na regulação da resposta imunitária.

INTRODUÇÃO.

O objetivo deste trabalho é chamar a atenção para a massa de genes Igkappa que se acumulou no sistema imunitário das estrelas do mar desde 2011. A partir deste ano, foram estudados genomas de estrelas do mar imunizadas e não imunizadas com HRP (horse-radish peroxydase) (1). Embora o gene IgKappa tenha sido isolado (2) e encontrado no rato, este gene também foi detectado em peixes (peixe-zebra e Larimiththys crocea) e mamíferos. Neste artigo, iremos rever principalmente informações sobre um peixe: Larimiththys crocea e um mamífero: Tupaia chinensis, para tentar evocar considerações evolutivas do gene Igkappa.

MATERIAL E MÉTODOS :

Foram utilizadas estrelas do mar Asterias rubens imunizadas e não imunizadas para HRP (1). Os órgãos axiais foram removidos; o ARN foi extraído com Trizol (Invitrogen), de acordo com as instruções do fabricante, das estrelas do mar imunizadas (HRP) e dos controlos (C).

O cADN foi normalizado utilizando nuclease específica de cadeia dupla, essencialmente como descrito por Zhulidov et al (3). O cADN foi fragmentado utilizando DNA Fragmentase (New England Biolabs), de acordo com as instruções do fabricante. Após a ligação dos adaptadores para o sistema de sequenciação GSII da Illumina, o cDNA foi sequenciado na plataforma GSII da Illumina, sequenciando 100 pb de um dos lados dos fragmentos de cerca de 200 pb. As sequências foram montadas utilizando Velvet Zerbino et al.(4)

Os nós montados foram utilizados para posterior montagem, incluindo dados EST de *Beta vulgaris* do NCBI no MIRA.

RESULTADOS

O primeiro resultado diz respeito a animais não imunizados, ou seja, controlos e contig para Larimichthys crocea (peixe):

-Um contig (Contig3054|m.205) pôde ser anotado através de BLASTX para Larimichthys crocea "Ig kappa chain C region" da base de dados TREMBL, com um valor eletrónico de 3,415e-09. Numa região alinhada de 102 aminoácidos, foram encontrados 46 aminoácidos positivos e 29 idênticos.

Outro contig (Contig12275|m.10416) pode ser anotado através de BLASTX para Larimichthys crocea "Ig kappa chain C region" da base de dados TREMBL, com um valor de e-value de 2,538e-09. Numa região alinhada de 90 aminoácidos, foram encontrados 42 aminoácidos positivos e 24 idênticos.

Finalmente, descobrimos transcriptomas de contigs via BLASTX para o mamífero : Tupaia chinensis

a) em : controlos

CCCGCTGAGTTTTTGAAACATATTGCCAAGTTAAAATATCTCATACCC

TAAT AATACACC

ATGTAATGTATTGCTTTAACATTGTAAAGATCAATGTGTGTGTACTAC

TGTAGTT AATATAT

CAGATCTCTCTGAAGTTAACACGTGTATCATACTTCATGGAGGCATG

CACCT CAGCCTTG

GTTATCCCTTGGGAAAAGTTCTGTAAGAGAGTAGAATTGTGTGTACC

AGTGGGAC TAAACATAA

TTGTGTGCATCTGTTTGGATAATATAAAAATAATATTTTACAATGTGA
AAGTA

TTTGTCA

AGTGCATGGTGTTAGGAAAATTAAAAAGACTACATTTGTTTTTCTGTT
TTGT

TACCTTTG

CAATAAGTGTTATGACACTGTTGGAAACAATAAAATGTTCAAATTTT
GTTAT

A3' b) Segundo em estrelas-do-mar imunizadas contra HRP :

Um contig (Contig12017|m.10218) pôde ser anotado via BLASTX para Tupaia chinensis "Ig kappa chain V-III region HAH" da base de dados TREMBL, com um valor de 3,11e-09. Numa região alinhada de 68 aminoácidos, foram encontrados 43 aminoácidos positivos e 25 idênticos.

ACCTTTGATGAATCTCTTAAAATTATATTTAAAAATTACAAATTAAAA
ATTAT

TTGATAT

TTTGTTCTGGCTCAAATTGTATTTTGTGTTGTGTATCAAGACTATGTG
CCTGGA

CTTGGTTT

GGGATCTTGCACCCCTAGGGTGGTTCTGTGGGGAACCGTGACAAGTG
TTT

CTGGAGGAAC

TTTTGTGAGAATTGTAGAAGAACACAAGTGAACCTCATGAACAAAGC
AAA

CACCCACTTT

GTCAGAGATAGATTATCCTGTTCACAAATATCACAGTTATGCAGGTG
TTTTT

TGTTTTTTTT

TTCAATCTTTGTCTTTTTCAGACATTTATGGCAATGCAGTCCAAGTAT
GCAC

AACCAATG

TTTGTTTGTGGTAAATCTTTGTATGAAAAACTATGTGTTTATTCACAC
TGTGAT

ATCTACT

TAGTAAATTCATTCAATTTTCAGGGTTGATGCTTTGTAAACTTTGCTT
TTTGT

ATAAAAT

AAGGAAACATAAATGGAATGTGAGGTAAAAACAAAGTCAACAATGT
ACATA
AATGTGGCCA
AGTCACACTAATGGGTTAAAAGATAACTTTGTAAATGAGGCGTGAGA
CAAA
TGTAACTTT
TTTGTCGCAGTCTTTTCCTGTACATTCAAAAGCTGTTCATGATTTTTCA
TTG
CAAAAATA
AATAAATTGACCTTAAGAAGTTACAAGGTCATATATTACTACAAAAC
CACGT
TCCCCTCA
TATGTTACTCTTTTGTGCACATCAGTGTAGAACCACCCACATATGTAT
ATTGC
GCCACTG
ACCTATGACATTTTGATGAATGCAATCGATGTGTAACACTTGTGGAA
TG
AAGTGTGT
GTAGTACAATGGCACATTGTCCGTGTTTTGTATAAAAATAGGAAATA
AAATG
GTACACCA
CT 3'

Há evidências da presença de genes Igkappa em todo o reino animal. Estes resultados estão resumidos no quadro I e no quadro II:

-Contig3054|m.205 tr|A0A0F8CMX3|A0A0F8CMX3_LARCR Ig kappa chain C região OS=Larimichthys crocea GN=EH28_01288 PE=4 SV=1

-Contig3376|m.6635 tr|L9JQR9|L9JQR9_TUPCH Ig kappa chain V-III region HAH
OS=Tupaia chinensis GN=TREES_T100021693 PE=4 SV=1

-Contig15579|m.12525 tr|L8HL23|L8HL23_9CETA Ig kappa chain V-III region SIE
(Fragmento) OS=Bos mutus GN=M91_06423 PE=4 SV=1
-TR38397|c0_g1_i1|m.2857 tr|A0A0F8C094|A0A0F8C094_LARCR Cadeia Ig kappa
Região V-I Wes OS=Larimichthys crocea GN=EH28_01990 PE=4 SV=1

-TR48242|c0_g3_i1|m.3430 tr|A0A0091ENA6|A0A091ENA6_FUKDA Cadeia Ig kappa região V-VI NQ2-6.1 (Fragmento) OS=Fukomys damarensis GN=H920_01478 PE=4 SV=1

TABELA 1: **Os genes Igkappa nos controlos.**

E agora, que tal imunizar as estrelas do mar com HRP, ?

-Contig12017|m.10218 tr|L9JQR9|L9JQR9_TUPCH Ig kappa chain V-III region HAH OS=Tupaia chinensis GN=TREES_T100021693 PE=4 SV=1(proteína semelhante)

-Contig12275|m.10416 tr|A0A0F8CMX3|A0A0F8CMX3_LARCR Região C da cadeia kappa de Ig OS=Larimichthys crocea GN=EH28_01288 PE=4 SV=1

-Contig8150|m.7973 tr|A0A0F8CMX3|A0A0F8CMX3_LARCR Região C da cadeia kappa de Ig OS=Larimichthys crocea GN=EH28_01288 PE=4 SV=1

-Contig18903|m.13528 tr|L8HL23|L8HL23_9CETA Ig kappa chain V-III region SIE
(Fragmento) OS=Bos mutus GN=M91_06423 PE=4 SV=1

-Contig12300|m.10433 tr|A0A0091DDJ6|A0A091DDJ6_FUKDA Região V-V da cadeia Ig kappa T1 OS=Fukomys damarensis GN=H920_10033 PE=4 SV=1

-Contig11501|m.9857 sp|P01841|KAC5_RABIT Região C da cadeia kappa-b5 da Ig
OS=Oryctolagus cuniculus

QUADRO II: Os genes Igkappa na HRP (de estrelas do mar imunizadas para HRP)

DISCUSSÃO CONCLUSÃO

O gene Igkappa da estrela do mar é claramente o gene IgKappa mais antigo do sistema imunitário dos animais.
Já mostra dois sítios Ig! As formas dos genes Igkappa encontram-se todas em vertebrados e partilham muitos pormenores com a estrela-do-mar, incluindo a presença de locais Ig.

A preservação do gene Igkappa em estrelas do mar imunizadas e não imunizadas é uma excelente oportunidade para novas experiências. É importante notar que a região HAH da cadeia V-III de Igkappa de Tupaia chinensis está situada (nos pressupostos subjacentes à teoria da evolução) entre a região precursora V-II da cadeia Igkappa (RPMI/133) e a região precursora V-IV da cadeia Igkappa/121.

A preservação do gene IgKappa durante um período tão longo de evolução em organismos tão distintos como a estrela-do-mar, o peixe, o roedor e o mamífero, indica que este desempenha um papel essencial na sobrevivência dos organismos, um papel na regulação da resposta imunitária.

Além disso, a existência de membros da família de genes IgKappa com caracteres funcionais conservados indica que o gene IgKappa da estrela-do-mar evoluiu antes da divergência evolutiva entre invertebrados e vertebrados: Deve ser reivindicado.

Referências :

1) Leclerc M, et al. Immunol Lett 2011 ;138(19):7-198.
2) Vincent N, et al. Metagene 2014 ; 2 : 320-322
3) Zhulidov PA, et al. Nucleic Acid Res 2004 ; 3 : 32-37
4) Zerbino DR, et al. Gen Res 2007;18 : 821-829

Figura 1.

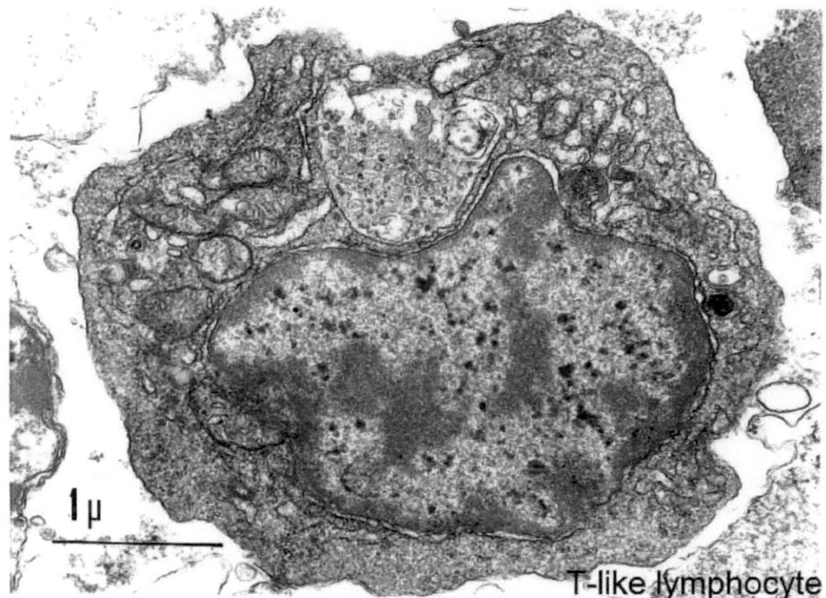

Figura 1.

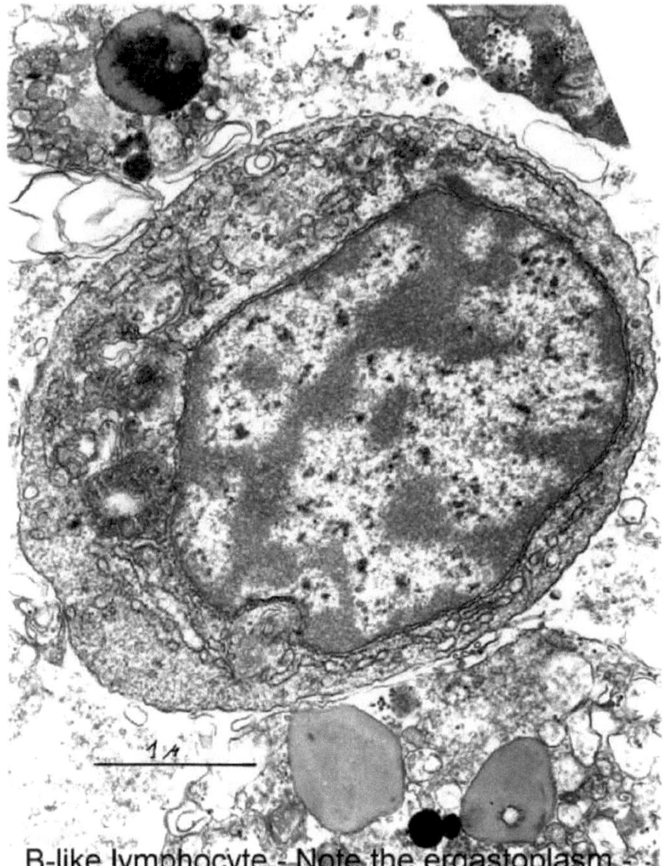

Figura 1.

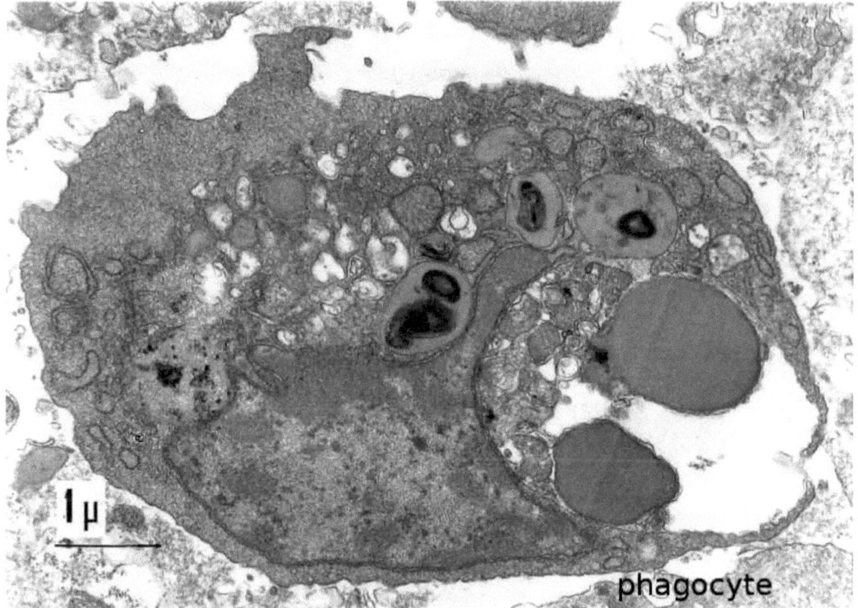

Printed by Books on Demand GmbH, Norderstedt / Germany